致我们当中那些

不知欣赏

直至事物消逝的人

20世纪20年代末，曼哈顿岛可谓是全世界无可争议的摩天大楼之都。从世纪之交开始，曼哈顿岛的建筑物便不得不越建越高。这是因为土地成本高昂，人们希望能在有限的土地上尽可能建造更多可租用的房屋。1902年至1929年，这里共建成将近200栋摩天大楼。这些伟大的工程之所以能实现，是因为钢材的质量提高了，钢架的设计也得到了改善，可以支撑这些建筑物的每一层楼面和墙壁，而且，至关重要的电梯性能也大大提升。人们对先进技术的信心越来越大，建筑物业主之间的竞争也越来越激烈，这促使摩天大楼越建越高。

　　1929年，纽约一些颇具魄力的商人决定建造世界上最高的大楼，这不足为奇。真正令人称奇的是，这栋摩天大楼在1931年春天就完工了。它就是帝国大厦。帝国大厦坐落在久负盛名的第五大道，位于老华尔道夫酒店原址。高320米的建筑主体内有85层，配有67部电梯。楼顶上装有61米高的飞艇系泊塔。在当时，人们认为飞艇是很有潜力的跨大西洋运输的交通工具。尽管很快系泊塔就变得毫无用处，可有了系泊塔，使得大楼增加了17层，从而确保帝国大厦远远高于其最大的竞争对手——77层的克莱斯勒大厦。

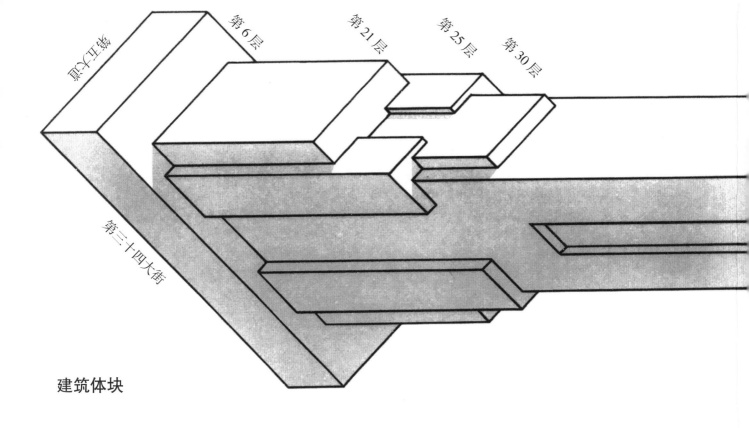

第三十四大街　第八工艺　第 6 层　第 21 层　第 25 层　第 30 层

建筑体块

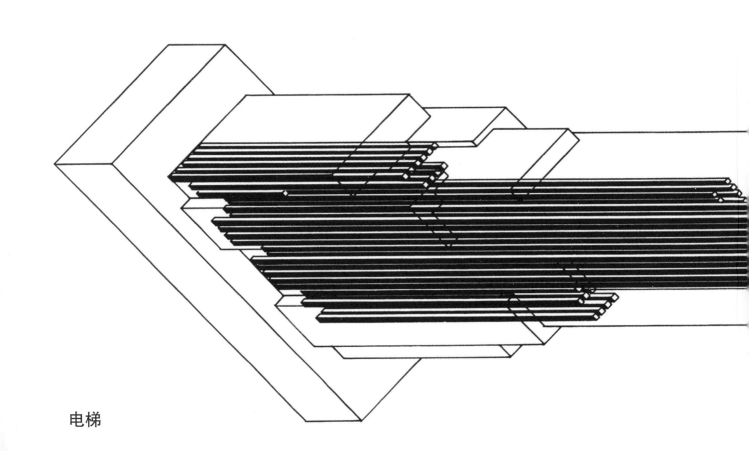

电梯

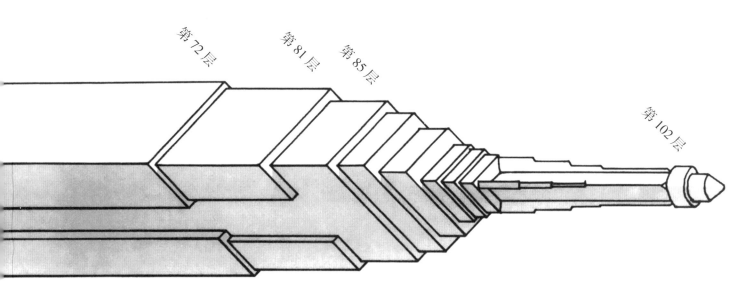

第72层　第81层　第85层　　第102层

　　帝国大厦的总建筑面积、形状和高度或多或少都受一些相关因素影响，其中最明显的便是建造基地规模和预算所带来的限制。起初，楼层面积的大小是由这栋建筑的最少可租用空间决定的，不少于这些空间，这个项目便可盈利。形状则直接受区划法影响，这些法规的限定是为了确保尽可能多的光线和空气能抵达地面。除了让建筑体块在不同高度都能从街道线向后缩进（称为"梯级形后退"）外，法规还要求30层以上的楼层面积不能超过建筑基地面积的四分之一。高度则受到所需电梯数量的限制，因为一旦超过一定高度，电梯井道就会占去很多原本就缩小了的楼层面积。

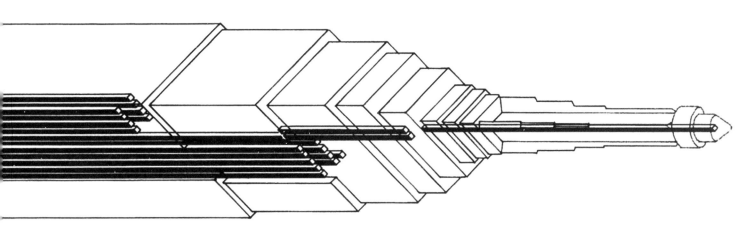

从工程组织角度讲，帝国大厦的建造是一项杰作。业主、建筑师、工程师、建筑工人和其他关键承包商从开始便携手合作。异常高效的合作避免了建造期间不必要的延误，使得用不到 18 个月的时间建成帝国大厦成为现实。当时，钢架的搭建速度达到了每星期 4 层半。

　　1931 年 5 月 1 日，帝国大厦正式开放。那一天盛况空前，到处都在举行庆祝典礼。纽约州州长和纽约市市长都出席了在帝国大厦 86 层举行的午宴。主走廊的灯光由美国总统在华盛顿特区开启。那天晚上，在大厦 82 层举行了另外一个派对，电台对这一庆祝活动进行了直播，听众达数百万。报纸上铺天盖地的文章也都在赞扬这一最新技术成果，在经济大萧条时期，这也许可以算象征性的胜利。

　　在这个特别的日子里，人们沉浸在兴奋之中，几乎不太可能预见到，帝国大厦在建成后不到 60 年就被拆掉了。

图书在版编目（CIP）数据

拆除摩天大楼 / (美) 大卫·麦考利著；刘勇军译.
-- 南京：江苏凤凰少年儿童出版社, 2018.8
ISBN 978-7-5584-1036-9

Ⅰ.①拆… Ⅱ.①大… ②刘… Ⅲ.①高层建筑 – 青
少年读物 Ⅳ.①TU97-49

中国版本图书馆CIP数据核字(2018)第193107号

UNBUILDING
by David Macaulay
Copyright © 1980 by David Macaulay
Published by arrangement with Houghton Mifflin Harcourt
Publishing Company
through Bardon-Chinese Media Agency
Simplified Chinese translation copyright © 2018
by King-in Culture (Beijing) Co., Ltd.
ALL RIGHTS RESERVED

著作权合同登记号　图字：10-2016-018

书　　名	拆除摩天大楼
策划监制	敖　德
责任编辑	张婷芳　陈艳梅
版权编辑	海韵佳
特约编辑	张　亮　严　雪　沙家蓉　森　林
特约审读	李雪竹
出版发行	江苏凤凰少年儿童出版社
地　　址	南京市湖南路1号A楼，邮编：210009
印　　刷	北京盛通印刷股份有限公司
开　　本	889毫米×1194毫米　1/16
印　　张	5
版　　次	2018年11月第1版　2018年11月第1次印刷
书　　号	ISBN 978-7-5584-1036-9
定　　价	38.00元

（图书如有印装错误请向印刷厂调换）

咕噜咕噜动漫微信

天猫耕林旗舰店
手机天猫手机淘宝
扫一扫

扫码免费收听音频

关注耕林获取更多福利
与孩子一起成为更好的自己

耕林市场部：010-57241769/68/67
　　　　　　13522032568 耕林君
合作、应聘、投稿、为图书纠错，请联系

邮箱：genglinbook @163.com
新浪微博 @耕林童书馆

画给孩子的历史奇迹

拆除摩天大楼

[美]大卫·麦考利/著　刘勇军/译

江苏凤凰少年儿童出版社

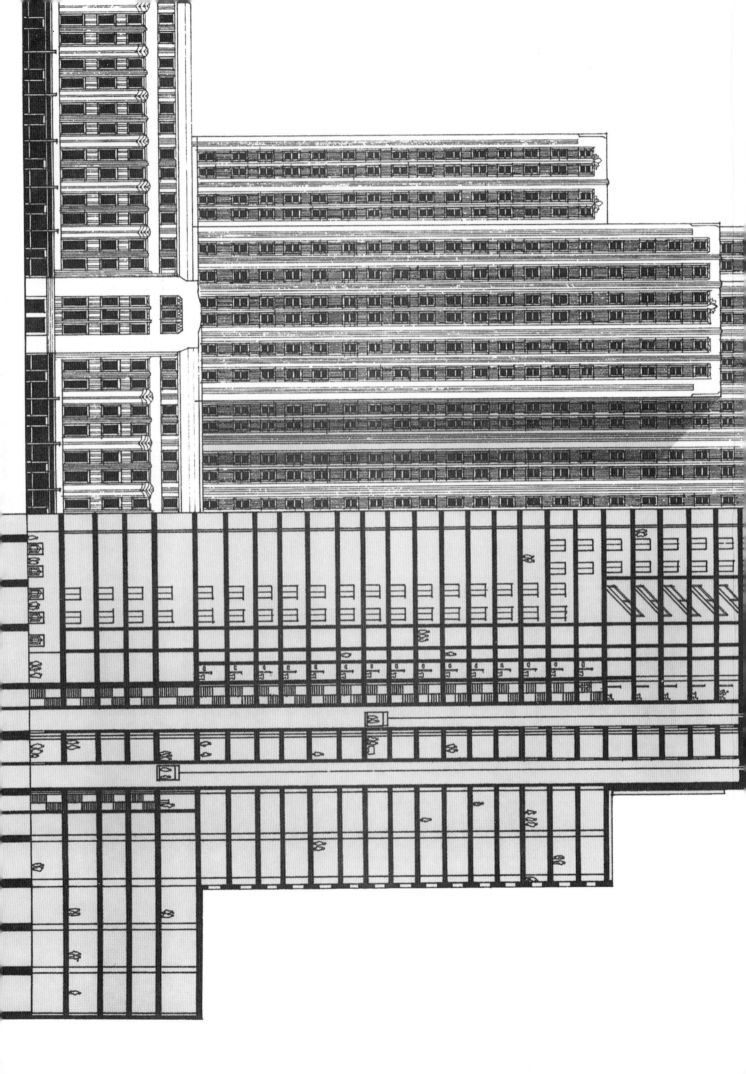

1989 年 4 月 1 日，阿里·史密斯王子将大利雅得石油学会（Greater Riyadh Institute of Petroleum）26 名成员召集到一起。学会急需一个新学会总部，这次会议的目的就在于评估众多设计方案。全世界的建筑师受邀递交图纸和模型，可在三天的展示说明会后，大会仍无法选定设计方案。预感到整个项目有被推后一年的风险，阿里王子情急之下建议学会买下帝国大厦。成功吸引众人的注意之后，阿里王子又列举了帝国大厦的建筑优势和重要的象征意义，他对这栋大厦极为熟悉。

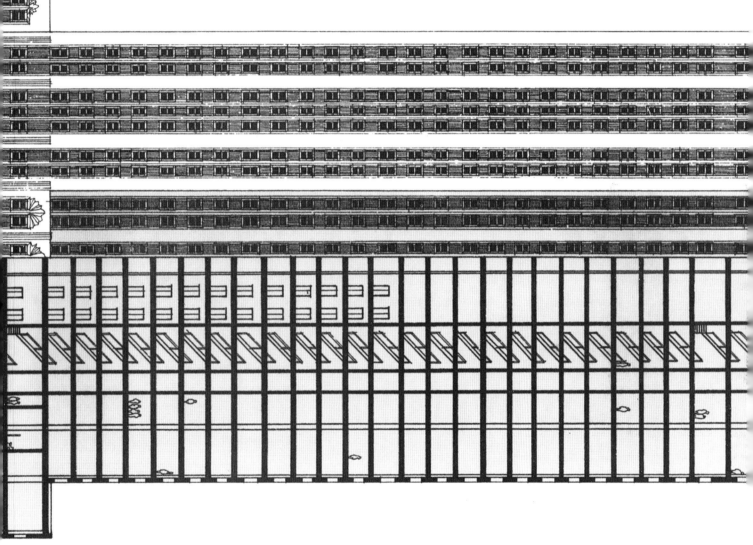

阿里王子可以说是在美国长大的，他在美国时就使用史密斯这个姓氏。因为他的父亲健康不佳，又失去了耐心，他不得不在 36 岁时离开大学，回到家中打理家族的石油生意。

大利雅得石油学会里的同僚并不喜欢阿里王子，可他拥有 68% 的公司股份，所以他们只能听命于他，对他令人尴尬的行为采取容忍的态度。当有人质疑把学会总部搬到纽约这一举动是否明智时，阿里王子点头赞同，并解释道，他其实是想把帝国大厦拆了，用船运走，然后在阿拉伯沙漠上重建一座帝国大厦。随着讨论的深入，王子回应了每一个反对意见，他的回应未必有理有据，但态度很热切，等到会议结束时，他的计划通过了。

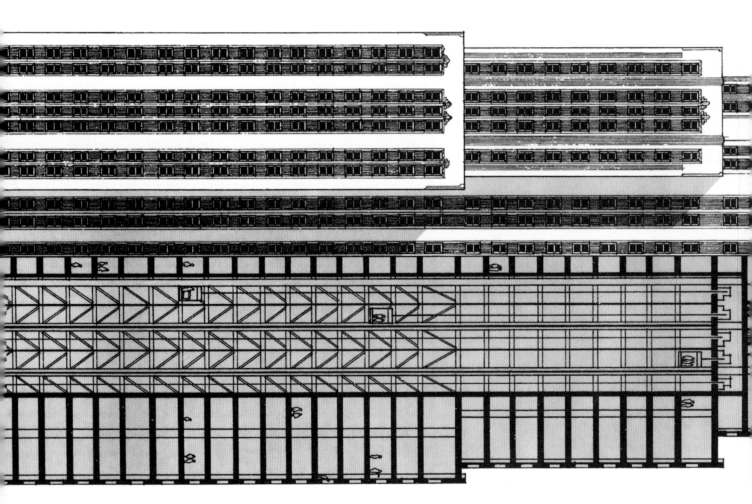

　　三天后，阿里王子飞回纽约，与帝国大厦的业主们进行私人会谈。不到一个星期，交易就达成了。1989 年 4 月 29 日，帝国大厦将要出售的消息被公之于众。一开始，纽约人被这个提议惹恼了。报纸上登满了谴责信，在将近一个月的时间里，每个星期天下午都有人游行抗议。建筑遗产保护协会和历史委员会都组织了大规模的通过邮件反对出售的抗议活动。

阿里王子十分熟悉美国人的做事方式，他明智地等了两个月，让事态渐渐平息，才宣布了自己精心策划的方案。对于大厦业主们，阿里王子肯定会支付具体数目不清，但想必数额巨大的一笔钱。对于纽约市民，他提出了一项出人意料的提议，那便是他将捐出帝国大厦所在地，由大利雅得石油学会出资，将那里改建成一座公园。系泊塔已经被确定为历史地标建筑，不能离开美国，将被完整保留，安放在公园中央。大厦的地下空间还将被改造成大都会艺术博物

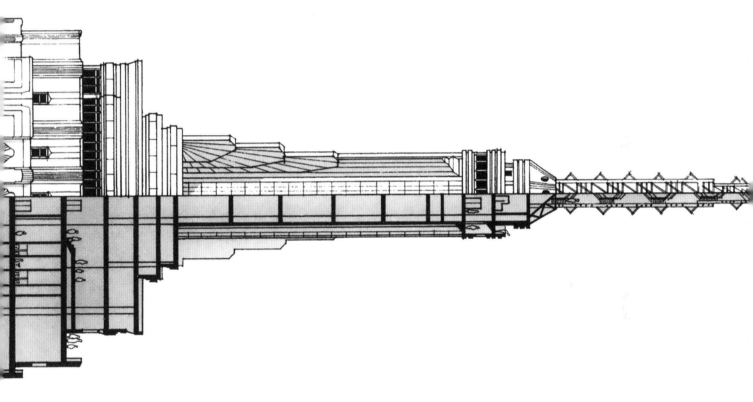

馆的市中心画廊。5天后，对出售帝国大厦持反对意见的人开始动摇，阿里王子又宣布，他将定期提供一定数量的汽油给纽约出租车和巴士。一位处在失败的边缘、几乎绝望却很聪明的帝国大厦保护主义者提出，可以出售世界贸易中心双子塔，且两座塔楼的价格和帝国大厦一栋建筑的价格相同。阿里王子拒绝了这个提议，但为表示友好，他愿意考虑也将这两座大楼买下拆除。随着他最后一个慷慨之举的出台，剩下的反对之声也消失了。

出售协议达成后不久，著名的纽约昆谢特父子公司受雇监督和运营这一项目。由于帝国大厦规模庞大，地处中心，拆除工程必须既实用又安全。电视塔是帝国大厦最新且位置最高的附加结构，从这里开始，以和建造相反的顺序一层层拆除。在石油学会成员的坚持下，公司决定只拆下能重现其外观的部分。大厦其余部分都将被拆毁，待重建时用新材料替代。

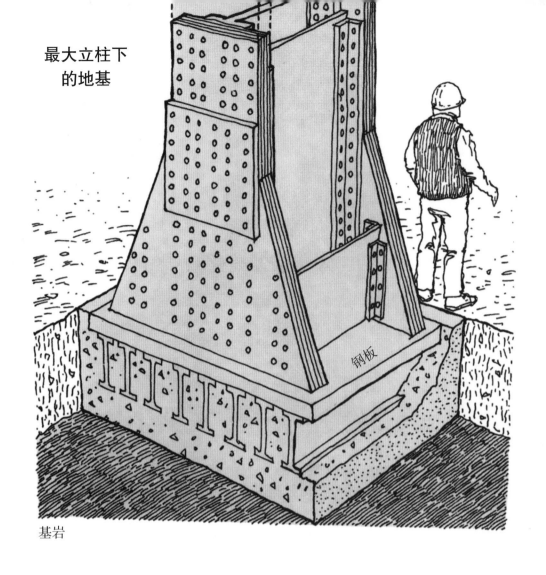

最大立柱下
的地基

钢板

基岩

在地基之上，帝国大厦有三个主要部分，分别是：钢架、混凝土楼板和外墙。钢架支撑整体建筑，并将自身的重量以及楼板和墙壁的重量一起传递到地基。多年以来，钢材上的铆钉孔都已经微微扩大了，若要重新使用这些钢材，一定要重新钻孔。有关方面考虑到这一问题，而且想到新的建造基地风力条件有所不同，或许需要对钢架做出其他改动，所以决定弃用这些钢材，用新的钢材替换。混凝土楼板中有很多放置输电线线缆和电话电缆的导管，所以不能拆解，只能拆毁。

每一层的外层砌筑墙都由名为拱肩的钢梁支撑，拱肩固定在外支柱上，横绕钢架一周。墙壁内壁上涂有石膏，墙壁外部表层更复杂，装有石灰岩、玻璃、铝和钢。除了造型和高度，外饰面是帝国大厦最与众不同的地方。

楼板梁

支柱

主梁

外墙托梁

铬镍钢镶边

煤渣填土

混凝土楼板

铸铝面板

地板内导管

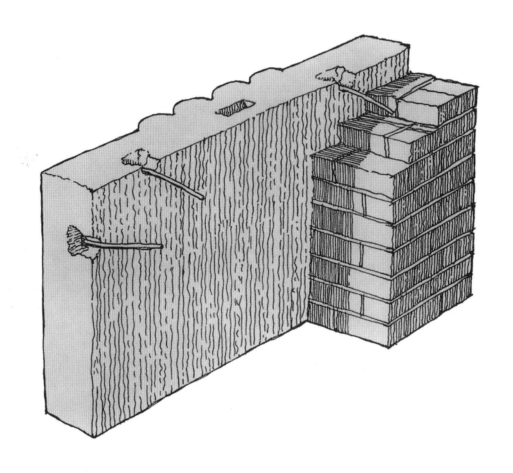

　　墙壁外层明暗交替的垂直线条凸显了帝国大厦的傲人高度，但其实这是为节省建造时间而简化结构系统的结果。明亮的线条由琢石——切割整齐的石灰岩堆砌而成。暗色的线条是由成列的窗户形成，窗户之间安装了颜色类似、宽度相同的铸铝板。每块铸铝板都可独立制造，而且不必在窗户的上方和下方安装水平石雕。这样，就不需要处理那么多复杂的接缝了。为了进一步节省时间，明暗线条的接合处由一整块铬镍钢镶边覆盖，因此无需修整琢石边缘。

　　虽然订购新的石灰岩可能会比较合算，但建造者最后还是决定将所有外层材料拆下并用来重建。对于内部设施，只有大理石面板、金属装饰物、存留下的原装灯具和电梯门被保留了下来。

砌筑墙

石膏

铸铝面板

散热器

窗框

铬镍钢镶边

石灰岩琢石

这些决定做出之后，昆谢特估计移走整栋建筑需要 3 年时间，大约 10 天拆除一层。他计划使用大约 120 名工人：拆房工负责拆下内饰、粉碎混凝土和砌筑结构，钢铁工人切割和移走所有钢材，施工工程师操作起重机、推土机、绞车和空气压缩机。还需要聘请脚手架承包商在拆除施工开始前在整栋大楼周围搭建脚手架。有时还需要若干名电工和水管工，并由卡车驾驶员驾驶卡车把现场拆除下来的碎渣和钢材运走。

除了需要一些爬升式起重机和吊杆起重机，这一工程还需要大量小型设备。这包括 26 台拆除混凝土的气动拆镐、20 台用来烧开钢架的氧丙烷喷灯，以及推土机、空气压缩机、丙烷瓶、临时管道、撬棍和各类手持工具。

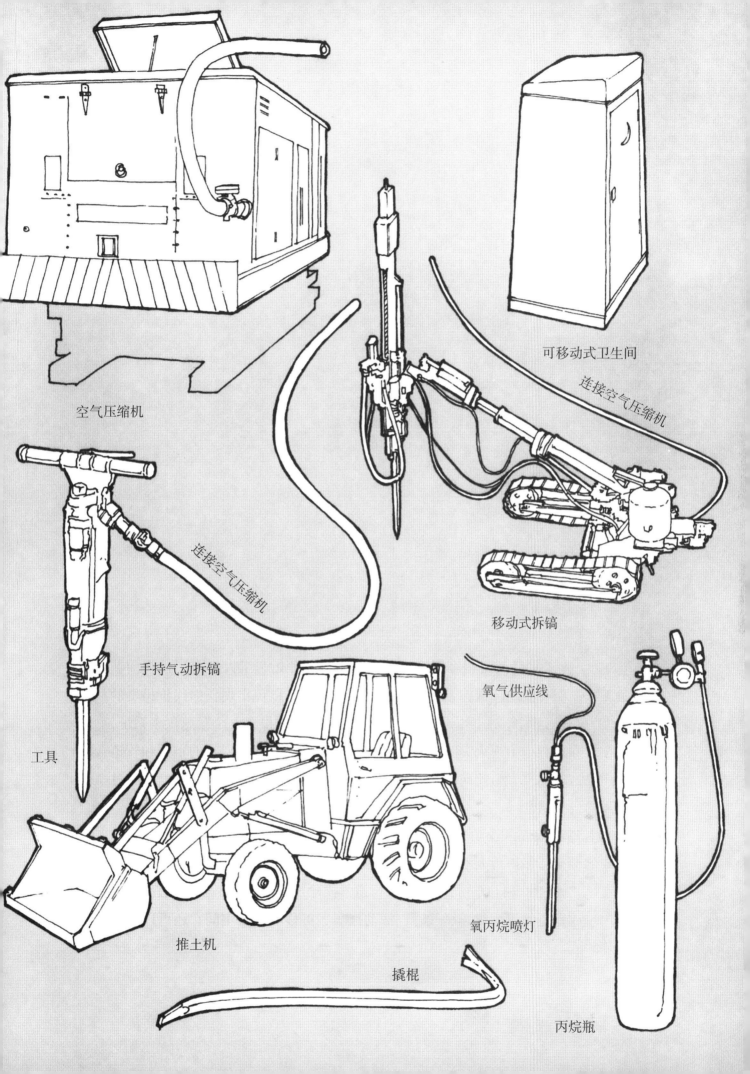

空气压缩机

可移动式卫生间

连接空气压缩机

连接空气压缩机

移动式拆镐

手持气动拆镐

氧气供应线

工具

氧丙烷喷灯

推土机

撬棍

丙烷瓶

8月，随着最后一批租客搬出，拆除工程正式开始。工人进行了许多前期准备工作，尽可能地降低施工中发生意外的可能性，以免出现任何代价昂贵的中断。为了得到拆除帝国大厦的必要许可，昆谢特必须设置一个紧急供水系统，以备在拆除过程中出现火灾时使用。经仔细检查后，他发现现有的水泵和管道足以满足这一需要。与此同时，经检查，帝国大厦的供电系统也足以给拆除过程所需的设备供电。

　　9月5日，工人开始在人行道上建造棚架。建筑暴露在外的三面都建有这种隧道式的棚架，保护行人不被可能落下的碎块砸中。棚架的沉重木顶由两排钢管柱支撑，棚内由一排日光灯照明。人行道紧挨建筑的约3.5米宽街面被路障隔开，用来放置空气压缩机、氧气罐、活动拖车、可移动式卫生间，还可以用来当作装卸区。

到了1月中旬，系泊塔拆卸完成，现在有了足够大的空间，可以架设两台爬升式起重机中的一台了。

研究了多种将爬升式起重机送到建筑顶部的方案后，昆谢特决定使用直升机把第一台爬升式起重机运送到楼顶，然后再用第一台爬升式起重机把第二台爬升式起重机吊升到所需位置。第一台起重机的零部件被运到哈得孙河在新泽西州这侧河道边的开阔场地上。某个星期天的一早，这些分拆的零部件便被装入直升机，飞过哈得孙河，直接运到了坐落在第三十四大街的帝国大厦楼顶。

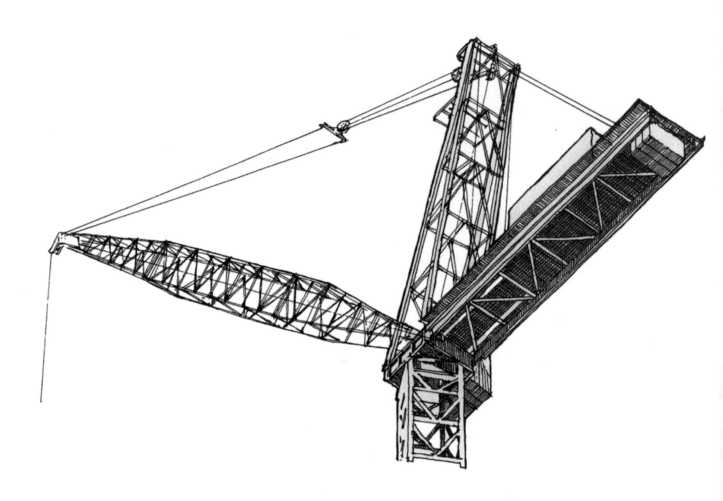

    第二天，工人开始把各个部分组装到一起。每台爬升式起重机都有三个主要部分：起重臂、平衡臂（在起重臂吊升重物时起平衡作用）和支撑这两个机械臂的塔身。塔身顶部的转台可使起重机的上部做360度旋转。使用安装在电梯井道旁边的吊杆起重机，可将塔身的底部降到预先在井道内放置好的低于楼顶8层处建造的平台上。然后将名为"爬升式立柱"的钢管放置在这部分塔身里，并固定在平台上。

    接下来，安装一台液压机械装置，这样就可以使塔身沿立柱升降。随着塔身的其余部分接连安装完毕，必须在不同高度把它固定在电梯井道内部。帝国大厦电梯井道周围原来的钢架已用交叉撑条进行了加固，以增加抗风压能力。沿着爬升式起重机塔身升降方向没有支撑部位的电梯井道也会被加固。为了减少电梯井道内所需支撑物和加固物的数量，昆谢特选择的是两台轻型起重机。当塔身升到屋顶时，起重臂、平衡臂和转台就被安装到这个结构上。一旦爬升式起重机的上部固定到塔身之上，就可以将塔身升高到房顶以上所需高度。随后第二台爬升式起重机的零件会被吊升到屋顶，而吊杆起重机则会被降到地面上。

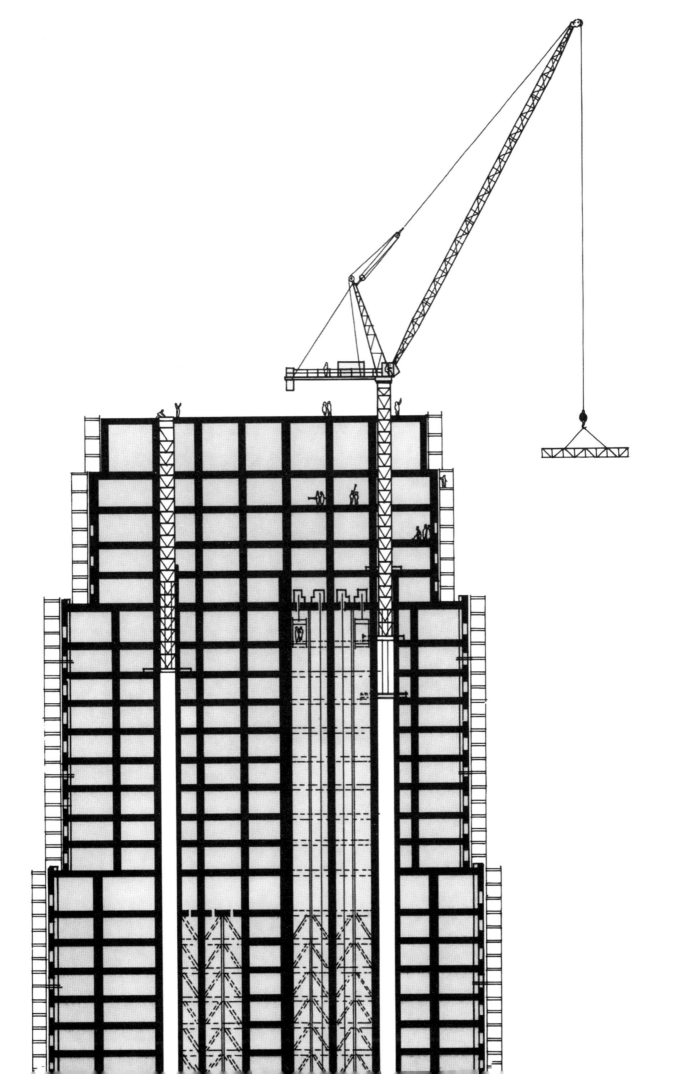

出于安全考虑，同时为了使重要的拆除工作不受干扰，拆房工人总是比其他工人提前4层施工。等到爬升式起重机安装完毕的时候，拆房工人已经忙着在83层施工了。为避免在拆除过程中意外弄碎玻璃，他们每次只拆除4个楼层的窗户。为了降低由风引起的火灾风险，大部分窗口都用隔板和门封了起来。

　　拆房工人拆除了所有的石膏天花板、通风管道和灯具。他们排干并拆除不再需要的水箱、水泵和管道，拆毁全部内墙、门、电线、浴间设备、暖气片和楼板面层。封堵窗口用不上的木料和门都被捆扎在一起，从开放式的电梯井道运下去。其他东西则被处理成碎片，推进木槽管道中。楼层定时用水管浇水，以控制扬尘。

　　2月初，屋顶拆除施工开始了。所有必要的设备和工具都已到位。软管也接入水管，施工区域附近配置了多个灭火器。

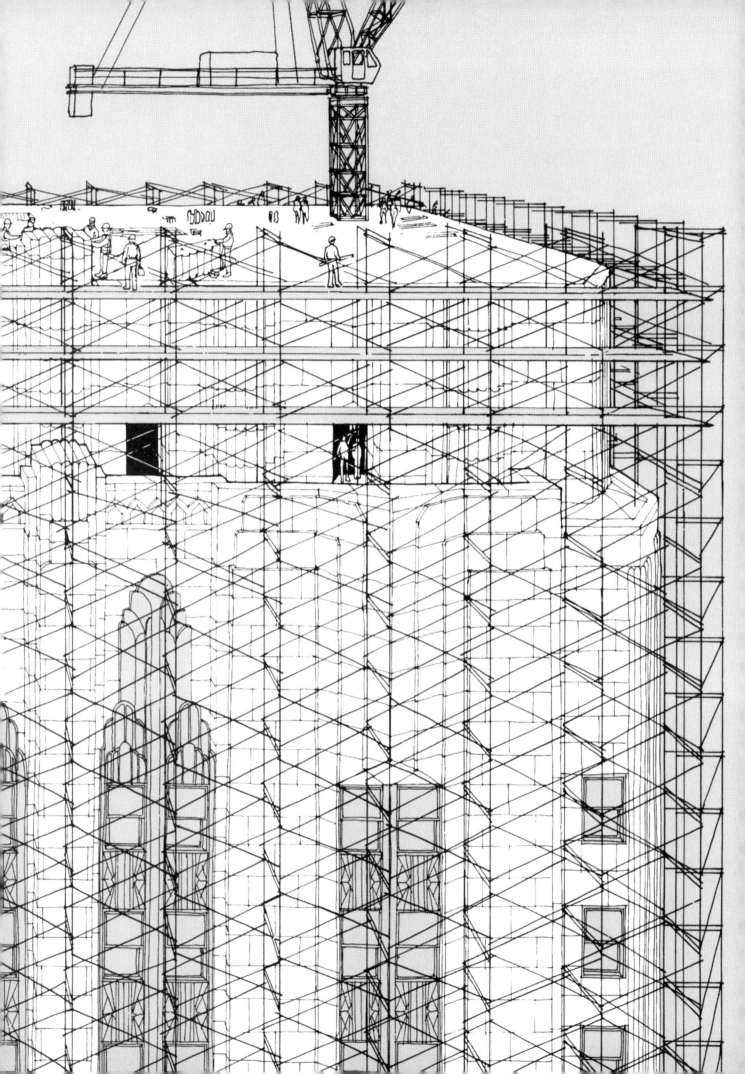

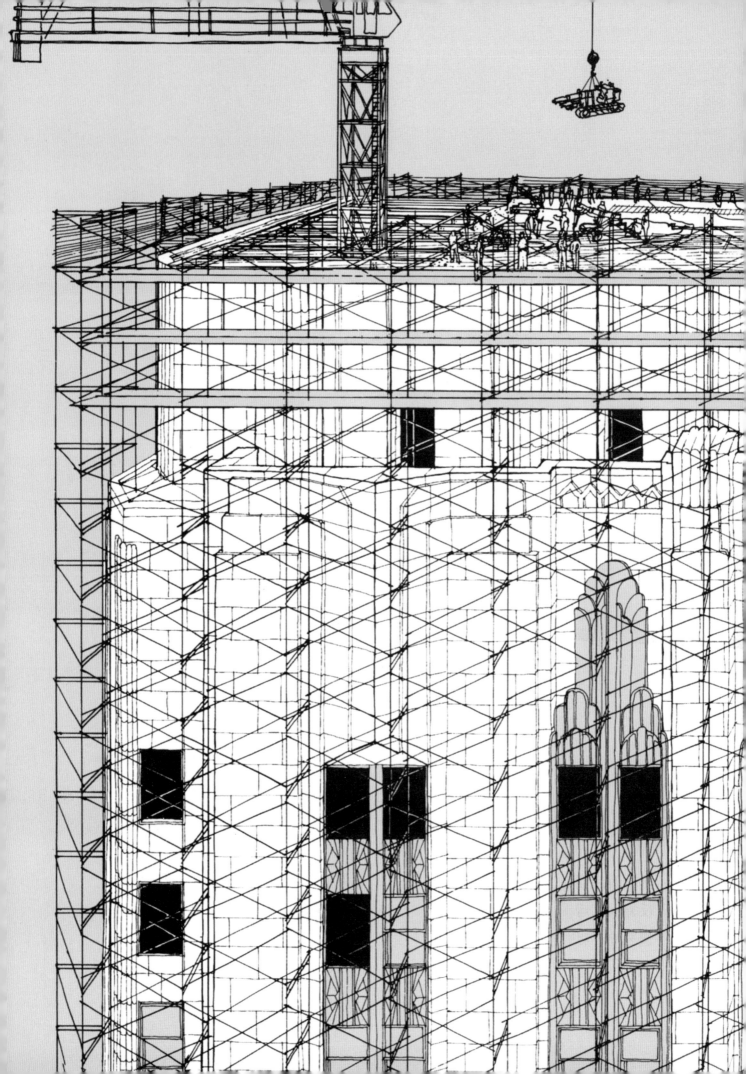

　　从屋顶一端开始，工人把气动设备对准一层层的面砖、防水材料、保温隔热材料和混凝土进行破碎处理。这些材料其实是被嵌入气锤一端的切削工具中反复垂直运动而破碎的。每当压缩空气进入气锤内腔，内腔里的一个活塞就会快速冲击切削工具的顶端。

典型的铬镍钢装饰材料

当钢架上的混凝土覆盖层被剥除，下方楼面上的碎片也被清理干净，就要开始拆除外墙了。工人使用撬棍、锤子和凿子，小心地拆除砌筑墙体，防止外饰面层的损毁。所有外饰面层都露出来后，就要先编号再拆除，最后再将拆除的物体通过一个电梯井道运下去。

在一大片区域钢架上的混凝土或建筑残渣被清除后，钢铁工人便接手了下面的工作。

所有钢架通过燃烧或氧化的方式进行切割。这一工作需要使用喷灯来完成，喷灯燃烧氧气和丙烷混合气体，可喷出温度极高的火焰。一旦一根主梁不再支撑任何结构，就要在两端切割，切至只留下一点能支撑主梁本身的连接处，以免其移位。整个区域内的水平钢架都以这种方式进行切割。

到了房顶的混凝土都被拆除的时候，超过一半的主梁都已经切割完毕了。

一旦爬升式起重机到位，就要把起重臂摆动到每一段钢架上方，并用专门的线缆连接吊钩。起重机驾驶员一拉紧这根线缆，站在支柱上的钢铁工人就要割开残余的连接部分。钢架一件接一件地被切下、吊升，然后降下，一直送到地面的卡车上。

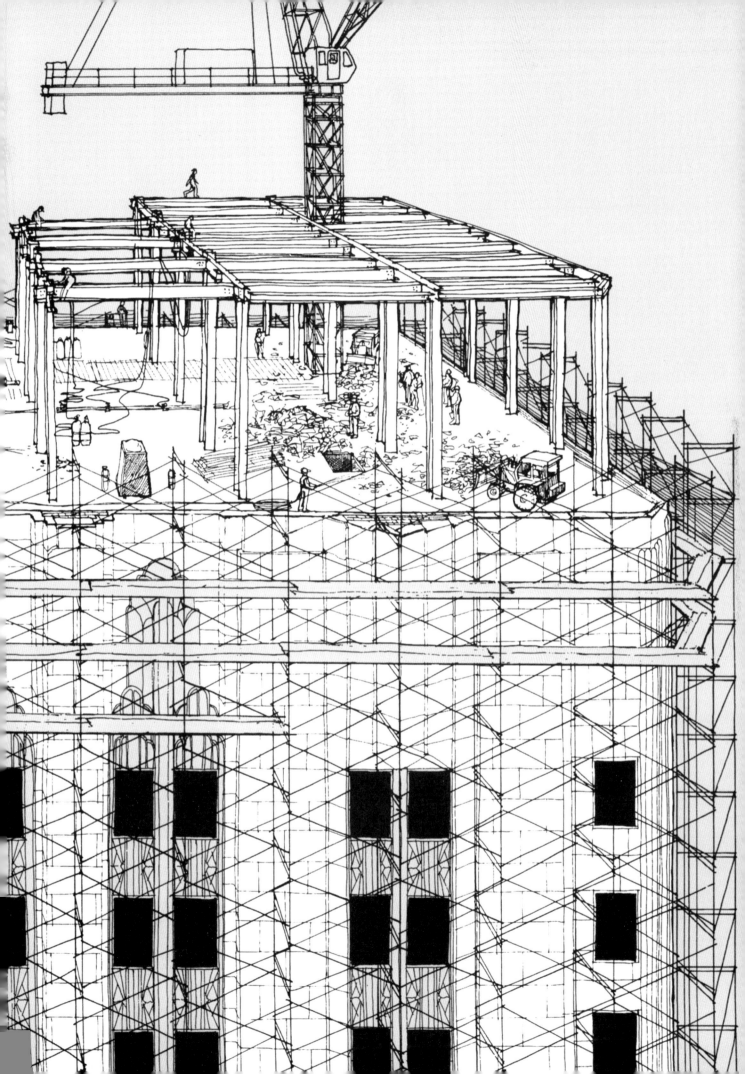

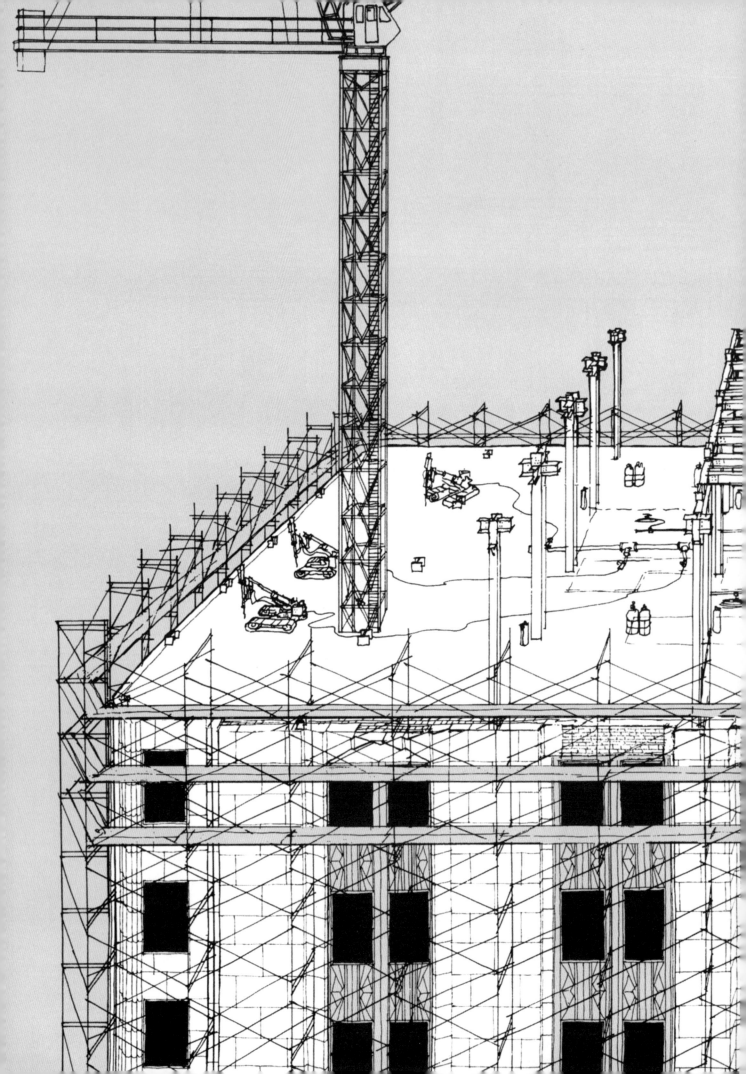

正如昆谢特预测的那样，每 10 天就可以把 1 层楼拆成数吨瓦砾和钢材。所有钢料都会被回收再利用，大部分瓦砾碎渣则被用于新泽西州的垃圾填埋。一位有魄力的年轻纪念品制造商买下了未被损坏的砖块，后来他又以相当高的价格出售了这些砖，并附赠编号证书。

工人们来到 82 层施工的时候，两台爬升式起重机已在各自所处的电梯井道内下降了 6 层。每隔 6 层便要重复这一步骤。在达到 81 层的时候，必须拆除升降机械，并将其降到 77 层，在那里重新连接组装。每隔 4 层便重复这一步骤。

所有的设施——供水和氧气管道、木槽、两个可移动式卫生间和脚手架都随着建筑物的拆除逐渐降低。接下来的两年里，工程一直维持着这样的进度，没有出现任何重大问题。两年中的大部分时间里，由于帝国大厦本身规模宏大，逐层拆除似乎并未引起公众注意。

到了第 24 层，单层楼板的面积大幅增加，所以昆谢特安排了更多的工人。

他在 20 层安装了若干台吊杆起重机，以便协助两台爬升式起重机施工。日复一日，月复一月，建筑垃圾从木槽管道的一端倒入并灌进等待的卡车中。一辆卡车装满了，总有另一辆卡车等着接替。

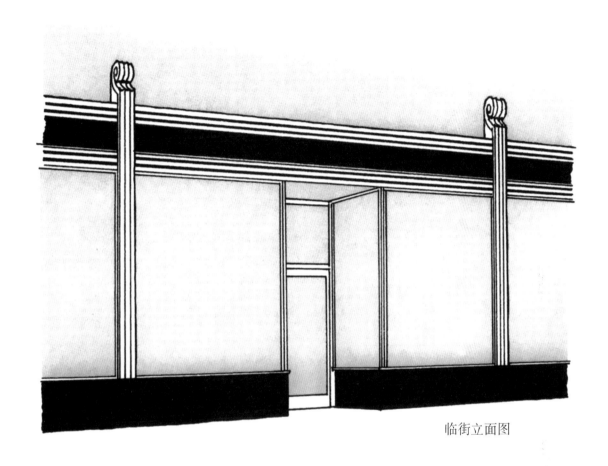

临街立面图

就实际拆除量来说，工程中最耗时的部分就是最下面的 5 层。和帝国大厦的其余部分不同，这里的外墙几乎全是石灰岩，而且其中的大部分饰有雕刻，包括主入口上方的一对巨型鹰雕在内。

每一块石头都必须仔细撬松，并被吊运到别处。在建造期间，石料顶端都打了孔以方便运输，现在这些孔洞都被清理出来重新利用。每一块编了号的石料被运送到街道以后，就要打包装箱，然后装上卡车。首层大部分外墙上的窗户早已替换成了胶合板。这些窗户后面不是商店就是餐馆，一排华丽的铝柱将这些窗户垂直分开。窗户正上方和正下方装有磨光黑色花岗岩横条。一排交替出现的青铜带和铝带位于首层和 2 层之间。所有窗框都被仔细拆除并打包。

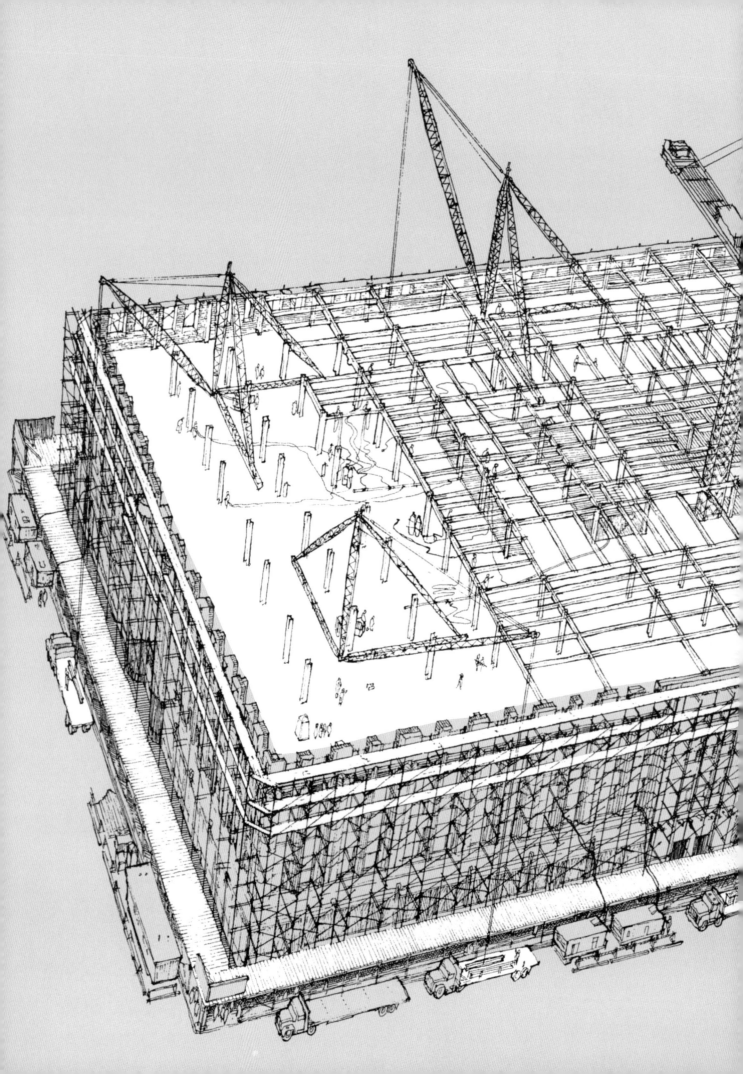

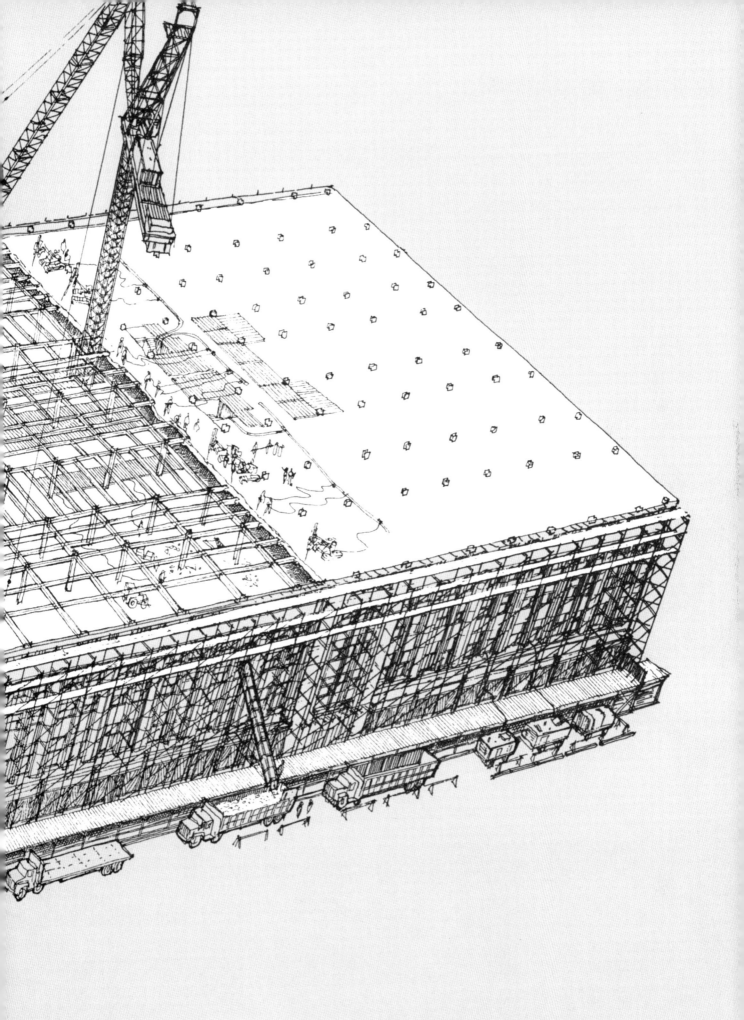

帝国大厦留用的建材将由大利雅得石油学会用一艘较小的油轮"沙漠女王号"运往中东。这艘船停靠在哈得孙河最靠近第三十四大街的码头边，所以无需穿越城市、绕过很远的距离运送装有建材的箱子。

1992 年 12 月底，施工现场被彻底清理干净，所有板条箱和集装箱都已完成装船。

1993 年 1 月 7 日清晨 6 点半，"沙漠女王号"驶离纽约港。这次起航没有任何宣传，只有为数不多的人到场观看。32 天之后，这艘油轮的雷达系统在一场异常猛烈的暴风雨中损毁了，随后，它不幸撞上了冰山。而这座冰山是被固定在南阿拉伯海岸，为沙漠供水的。虽然船员获救，但船和船上的货物都沉入了海底。

　　意外的消息传来，人们对此心情复杂。很多纽约人认为这是一个可怕的损失，而其他人则认为，对于一项极为古怪的计划来说，这是一个完美的结局。阿里王子说这是天意，在联系了保险公司后，他去瑞士度了个长假，失望之情便一扫而空。

新公园的建设让人们越来越兴奋，慢慢地，对于这次事故的讨论终于平息了。

　　2月，原先的帝国大厦一层得到改建，下面是新的地下画廊，上面也建有新景观。在地下原先的基脚上建造了新的钢结构，用来支撑系泊塔。3月，系泊塔的大部分框架被重新焊接起来。然后，钢铁工人站在脚手架上重新组装了翻新的外饰面。由于帝国大厦的拆除，两栋邻近建筑物的墙壁露了出来，工人封堵了墙面，敷设了面层。

　　最后，人们围绕着系泊塔基座种植了大量用来遮荫的树木和灌木。

1993 年 5 月 1 日，帝国大厦公园正式开放。数千人来到市中心，观看庆典仪式。市长和州长都发表了讲话。11 点 30 分，总统在白宫开启了系泊塔上的灯光，人群中爆发出响亮的欢呼声，纽约爱乐乐团的铜管乐组演奏了特别准备的《天方夜谭组曲》。庆祝活动一直持续到晚上，聚集到现场的人越来越多。自公园建成的那一天开始，系泊塔一直是纽约的重要地标之一，所以围绕系泊塔建造起来的公园也成为纽约最受人关注的地点之一。

　　第二天早晨，依旧为前一天的成功而欣喜的阿里王子出发回家了。他的飞机迅速升入天空。他坐在他的"宝座"上，思绪飘到了下一次的石油学会会议上，届时他将提交昆谢特对拆除克莱斯勒大楼所作的预估。

术 语 表

琢石（ashlar）：经切割的长方形块状石材。

铸铝面板（cast aluminum panel）：装饰性铝板，用来填充一扇窗户顶端和其正上方窗户底部之间的空间。

铸铝翼板（cast aluminum wing）：环绕系泊塔底部装饰物的一部分。

铬镍钢（chrome-nickel steel）：银色合金，用来制造外饰面的垂直镶边。

爬升式立柱（climbing column）：固定圆柱，起重机的塔身沿着这根柱子上下移动。

爬升式（塔式）起重机（climbing crane）：可以随着建筑物主体的建造或拆除而升降的起重机。

立柱（column）：结构框架的主要垂直支撑物之一。

压缩机（compressor）：一种用来保持空气压力的设备。

平衡臂（counterjib）：起重机的一部分，连接着起重臂底部，平衡起重臂上的重量。

吊杆起重机（derrick）：一种吊升装置，主要由吊杆和立柱组成。立柱底部固定在建筑物上；顶部要么连接着钢索，要么连接着坚硬的钢架支叉。吊钩连在吊杆上，可升降，吊杆固定在立柱底部，通过一系列线缆和滑轮升降和左右移动。

飞艇（dirigible）：一种大型圆筒形飞船，内部充满比空气轻的气体时可以飞起来。20世纪20年代，被认为是可能用于跨大西洋运输的重要方式，不过在出现了一系列事故后，其吸引力也不复存在了。

楼板梁（floor beam）：水平钢梁，主要用于支撑混凝土楼板。

楼板（floor slab）：混凝土板，浇筑在框架结构的横梁上，并由这些横梁支撑。

主梁（girder）：大型横钢梁，作为框架结构的一部分，承受主要荷载。

起重臂（jib）：起重机的机械臂，吊钩从起重臂上挂下。

砌筑墙（masonry wall）：砖墙或石墙，或砖石兼有的墙。

系泊塔（mooring mast）：飞艇可将其前部固定在此塔实现停靠。

氧丙烷喷灯（oxypropane torch）：通过燃烧氧气和丙烷混合气体来氧化切割钢材的喷灯。

气锤（pneumatic demolition hammer）：一种设备，用来打碎混凝土和砌块。打碎或切割混凝土的工作实际上是由嵌入气锤一端的工具来完成的。当压缩空气进入气锤的上部，这个工具便会快速上下移动。轻型气锤是手持的，重型气锤则连接在机动设备上。

丙烷瓶（propane bottle）：钢制容器，用于容纳、运送丙烷气体，喷灯连接在其上。

废料滑槽（rubble chute）：一个封闭木制管道，可将建筑垃圾从建筑顶部一直送到地面上。

脚手架（scaffold）：临时施工平台，一般由钢管框架支撑搭建。

梯级形后退（set back）：建筑物垂直面出现的阶梯状造型，依照区划法在一定高度做此设置，以便空气和阳光可以达到街面上。

人行道棚架（sidewalk shed）：在施工现场周围的人行道上方临时搭建的顶棚，以免行人被掉落物砸中。

摩天大楼（skyscraper）：至少20层高的建筑物。

外墙托梁（spandrel beam）：横钢梁，连接于结构框架的外部，用来支撑外墙。

结构框架（structural skeleton）：钢框架，用来支撑建筑物的楼板和墙体，并将它们的重量传递到地基。

电视塔（television tower）：建造在系泊塔顶部的钢结构，用来发射广播和电视信号。

起重机塔身（tower）：用来支撑起重臂和平衡臂的结构。

中转箱（transfer box）：一个木箱，每隔4层，安装在废料滑槽上，阻止建筑垃圾连续滑落。建筑垃圾从中转箱的一端灌入，滑过中转箱的倾斜底部进入下一段木槽中。

抗风支撑（wind bracing）：建在结构框架内的加强钢构件，有助于建筑物更好地抵抗风压。

撬棍（wrecking bar）：钢棍，拆房工的工具，一端有爪状物，另一端是弯曲的。